即 將 成 為

領導者

THE BEST LEADER

丹榮‧皮昆／著　王茵茵／譯

一般的領導者

聰明的領導者

失敗的領導者

最佳的領導者

未 來 企 業 最 需 要 的 54 則
領 導 價 值 及 思 想 精 華

佛教將人比喻成蓮花的四個階段。
每個人若不是以好、就是以壞的方式活著。
有些人過著幸福快樂的生活，
有些人則不然。

然而，不論你身處何處，
你都能找到內心的快樂。

知識存在於萬事萬物中。
經過學習、研究，知識學問將永遠屬於你。
當然，你也可以選擇忽略無視，
繼續當個無知的人。

好的領導者永遠深思熟慮，
三思而後行。
而無知的領導者則漫不經心，
將人才撇在身後。

在上位者應當能深深察覺部屬的心思，
因為他們能協助公司邁向碩大的成就。

他們不僅能拿出良好績效，
也能培養出良好的團隊合作。
一名好的領導者在成功前必須保有耐心。

CONTENTS

CONTENTS

CONTENTS

CONTENTS

CONTENTS

CONTENTS

領導者

應當擅於以適切的方式工作。

應該聚精會神地觀察與分析，

永遠思忖自身的能力。

即便發現一個微小的缺點，

也應當立即改正，

以免變成更大的缺陷。

一般領導者

工作能力不錯,也完全了解所背負的責任。

所以他專心工作,把所有責任扛在肩上。

聰明領導者

工作能力不錯,同時具備管理人員的必要技巧。

拿出好成果,全然負責,又能管理人。

不會逃避問題,所以深受部屬與老闆雙方的喜愛。

失敗領導者

工作能力差,無法管理人員,又缺乏規劃能力。

儘管身為高階主管,卻無法拿出什麼工作成果。

他沒有領導力,也無法監督下屬,

總是將自身錯誤怪罪在他人身上。

最佳領導者

工作能力佳,知道如何管理人員,

而且善於擬定策略計畫。

他工作有效率而且全然盡責。

他有能力領導下屬,並且建立優良的團隊合作。

總能事先有系統地做好規劃,

所以深受部屬喜愛與上司的賞識。

讓人因為你的功勞
而尊敬你，
好過讓人因為你的權力
而畏懼你。

一般領導者

能解決突發問題，協助團隊渡過險境。

聰明領導者

充分察覺問題的根源，並且有能力加以解決。
為工作負起全部責任。
願意承認錯誤，不會將其歸咎在部屬身上。

失敗領導者

領導無方，無法釐清問題所在，也沒有解決能力。
同樣的問題總是一而再、再而三地反覆發生。
當問題沒有得到解決，
他會責怪下屬、同事，甚至是怨天尤人。

最佳領導者

尋求徹底解決之道，確保不會重蹈覆轍，
願意深入挖掘問題的根本。
會從錯誤中學習，並且與團隊分享經驗。
以智慧修正事情，
永遠不會把問題歸咎於身邊的人事物。

成為優秀管理者的二十個要訣

1. 充分了解自己的工作。

2. 將對的工作指派給對的人。

3. 了解組織的規章制度。

4. 抱持想讓公司更上一層樓的強烈企圖心。

5. 永遠孜孜不倦地學習。

6. 熱愛你所做的事，並且全力以赴。

7. 讓員工因為尊敬而接受你的領導，而非用權力來壓制他們。

8. 讓同事覺得你值得信賴。

9. 別自視甚高、剛愎自負。

10. 承認錯誤並彌補修正，不為自己找任何藉口。

成為優秀管理者的二十個要訣

11. 別小題大作。

12. 按部就班解決主要問題，別讓事情惡化。

13. 願意關心、留意團隊同仁。

14. 時時激發、運用創造力。

15. 保持良好的態度，也鼓勵團隊跟進。

16. 別天真地沉醉在他人的諂媚奉承裡。

17. 別心懷成見或偏袒某人。

18. 遵循德行與道德原則。

19. 別為一己之私或單邊利益工作。

20. 勤勉工作、守紀律，為別人樹立榜樣。

棟樑支撐著
整個建築結構。

若少了棟樑，
主體便有歪斜、倒塌的可能。

有所成就的四個要素

一、對工作抱持正確的態度與想法
二、對生活有基本認知
三、誠實、有耐心
四、堅守良善與道德觀

領導者所需具備的能力之一，
是要能發掘每個部屬的「特質」，
然後加以統合，
以創造傑出的工作成效。

糟糕的領導者其中一項缺點是，
他很可能喜歡探尋
部屬的「弱點」，
而且試圖利用這些「弱點」創造工作。

好的領導者會意識到什麼是重要的，
並且能夠優先處理。

無法了解事物重要性的人，
無法身負重任，
因為他無法安排事情的輕重緩急。
他總是迷失方向。

成功的人總是將重要的工作視為優先，
失敗的人通常本末倒置，
延宕重要的工作，
先去處理較不重要的事情。

當重要的工作遭忽視，
或未能優先處理，
事情成功的可能性便相對減少，
甚至永久受損。

聰明的人

能處理各式各樣的問題。

愚昧的人

毫不自知自己才是問題的來源。

一般領導者

理論上能解決問題，
而且善於處理各種情況下發生的各種問題。

聰明領導者

能預見問題的出現，並快速擬好對策，
盡可能減少損失。

失敗領導者

永遠只能觸及問題的表面，
且當他試圖去解決，反而讓問題變得棘手。
他總是漫不經心，常常是問題的始作俑者。

最佳領導者

宏觀地看見問題所在，
一絲不苟地分析當中的優缺點。
專注在解決問題上，
而不會只在意懸而未決之事所造成的困擾。
他願意多方妥協，以求最佳解決之道，
同時避免新問題的產生。

1) RIGHT THINKING FOR LIVING

一、正確的生活思維

正確的想法
可媲美一張引領我們到達目標的地圖。

無法動腦想事情的人，
永遠不知道該如何思考，以及該怎麼做事。
所以當別人鼓吹他做什麼事的時候，
他立刻照做，因為他總是「過度依賴」別人。
結果他的行為在不經意之間傷害到其他人，
或甚至可能損害自己的名聲。

擁有錯誤想法的人總是做錯事。
他會栽種蘋果樹，卻期望收成櫻桃。
他對於什麼是該做的事毫無概念，所以也毫無成就。

因此，
擁有正確的想法是正確生活的重要基礎。

二、正確的工作思維

擁有正確工作思維，
對想建立一番事業的人非常重要。
因為錯誤的想法會導致錯誤的行動，
進而影響工作成效與未來發展。

錯誤的工作思維好比：
一）不想做困難的工作
多數人不喜歡被分配到艱難的工作，
就如同軟弱的人拒絕接手困難的工作。
然而，成功的人通常能妥當處理棘手的工作，
因為他們將之視為磨練工作技巧的機會。

二）試圖找錢多事少的輕鬆差事
許多人常常用薪水來衡量一份工作是否值得。
工作越簡單，學習的機會越少。
工作越困難，我們才能獲得更多經驗。

當你在工作上有正確的思維方式，
你將能全然理解何謂「正確的工作方式」。
這就像兩名藝術家在同一門藝術課中學習繪畫；
一位炫耀畫在牆上的塗鴉，
另一位則以藝術家的身份謀生賺錢。

三、工作上的基本知識

擁有正確基本知識的人，就像知道如何划船的人。
新手第一次划槳時，船只會左右移動，
或是原地打轉。

缺乏基本知識的人
永遠不曉得如何著手進行一項任務。
他們不是稱職的行銷人，
只會把錢花在錯誤的行銷上。
他們無法像厲害的銷售人員一樣達到銷售目標。
他們無法扮演好決策者的角色，帶領公司獲得利益。
他們越試圖領導組織，組織越有可能走向失敗。

網球選手需要具備良好的網球運動知識。
鋼琴家需要具備良好的鋼琴知識。
小提琴家需要具備良好的音樂知識。
薩克斯風演奏家需要具備良好的爵士樂知識。

因此，擁有良好的基本知識
對生活與工作而言都是不可或缺的。
而生活與工作是生命中兩項重要的基礎。

四、誠實與勤勉

工作上誠實，對於受雇領薪族而言很重要；
生活中誠實，對當個好人很重要。

工作上勤奮，對於上班族而言很重要；
生活上勤奮，對於過日子而言很重要。

如果每個人都有正確的思維，
麻煩就會少一些。

誠信好比一支蠟燭，
勤勉則是蠟燭發出的光。

如果一個人能強迫自己脫離腐敗墮落的社會，
他便證明了自己是個誠實之人。

誠實與勤勉是所有成功的根本。

一般領導者

感謝事業的成功為他帶來快樂。

唯有自我提升才能創造快樂。

聰明領導者

他明白讓自己快樂，

有助於提升他所扮演的角色與他的組織，

包含幸福的家庭。

他的財力足夠讓他活得舒服自在。

失敗領導者

將不必要的壓力強加在自己身上，

因為他認為所擁有的還不夠多。

他總是想要有更多物質的東西讓自己感到快樂。

他的快樂來自於名利，而非出自於自然的本心。

所以當他的名聲與錢財消失時，

幸福快樂的感覺也會隨之結束。

最佳領導者

總是對自己的職位或所做的事感到滿足高興。

能讓他快樂的是當下所擁有的，

而非心裡所想要得到的。

從內心散發出幸福，而非從身邊的事物上尋找快樂。

即使沒有名利，**快樂仍然隨處可及。**

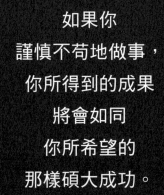

如果你
謹慎不苟地做事，
你所得到的成果
將會如同
你所希望的
那樣碩大成功。

一般領導者

邁向成功的第一步就是行動。
不能只是想而已，
如果你想有所成就，現在就開始行動。

聰明領導者

邁向成功的第一步是學習。
思考、行動，並且持續提升。
這激發我們擁有新想法，持續前進。

失敗領導者

對生命或自然都一無所知。
他企圖強迫他人，以製造獲得利益的捷徑。
因此，他永遠不可能成功。
不願努力付出，也永遠不可能達到目標。

最佳領導者

能成為成功的人，
因為他深知自然的真理。
當上位者了解人類的自然法則，
他便能有效地運用它。

人人都必須

擁有目標

事業上的成就

上班族最害怕的是失去對事業的企圖心。

因為「意念」驅動人們工作，
讓他們願意努力嘗試，
更專注在所做的事情上，
思索如何得到最好的結果。

許多人常常誤以為一個為了事業努力工作的人，
總是著迷於難以滿足的野心。

事實上，總是談論自己雄心壯志的人，
往往怠忽職守，而且不負責任。
他不熱愛所做的事，
所以當他無法拿出亮麗成績的時候，
他埋怨有成就的人，
指責他們無止盡地渴求成功。

然而，那些真正成功的人才值得讚揚。

遭遇第一次挫折

多數人被指派的第一份工作，
往往是無關緊要的瑣事，
而非什麼重要的任務。

這不是他們預期的，
所以他們放棄，然後尋找下一份新差事。

當他們得到新工作，
又再次因為同樣的原因半途而廢。

然而，他們找到一個充滿挑戰的工作時，
他們還是會放棄去找別的工作，
然後說這個辦公室離家太遠。

到頭來，他們什麼工作也沒有，
變成長久失業者。

隨著年紀增長，他們越來越難找到工作，
所以他們待在家，無所事事，
最終成為啃老族。

獲得第一次成功

一個人若想有所成就，必須勤奮工作，
且完全專注在被指派的工作上，
無論是多麼瑣碎的差事。

好的員工無時無刻專心在工作上，
不論有沒有被看見。

「意念」與「意願」
是能讓人更勤勞或更有耐性的動能。

正面思考的人通常這麼想：
「困難的工作」是好的磨練，能讓我們學更多；
「簡單的工作」是輕鬆事，能愉悅地完成；
「正職」是個能帶來穩定收入的好方法；
「兼職」是休閒；
「被老闆責罵」是提醒；
「工作」就是有錢拿又能學到經驗。

不論工作場域上發生什麼事，
都是生命中「好的經驗」，
能幫助我們成長。

每天能從事你所愛的事情，
還有錢領，
沒有比這更值得高興的事。

勤勞的人認為工作是件享受的事，
不管他們從事的工作是什麼。

相反的，懶惰的人認為要工作是件倒楣事，
不論工作內容重要或否。

對某些人而言，
快樂的定義是能達成目標。

對其他人而言，
快樂單純地存在於過程中。

對工作所帶來的快樂上癮的人，
一旦退休就會感到坐立難安；
感覺像從年輕就習慣的東西突然不見了。

總是認真工作的人，
以及熱愛所做之事的人，
永遠不會落入無事可做的情況太久。

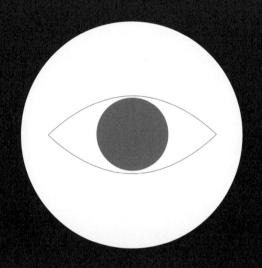

正確的心態讓你非凡。

樂觀主義者比悲觀主義者多一個優勢，
當他們看見別人犯錯時，
樂觀的人會說：「這是個好的學習機會。
下次你就不會再犯同樣的錯了。」

樂觀主義者幫助失敗的人；
悲觀主義者則是幫倒忙。

樂觀者總是有得到奇蹟般的福氣，
因為當我們正面思考時，
沒有什麼事是不可能的。

悲觀者由於充滿負面念頭，
所以通常一事無成。
他們時常忽略事物的美好，
只看到不好的一面。
更詭異的是，
他們將不好的事物視為有價值的，
猶如一個人把邪惡錯認為良善。

一般領導者

擁有管理組織與部屬的權力。

為了公司的利益,

能有創意並且正確地運用職權。

聰明領導者

從來不會忽視部屬或同事。

當任何人行為不當時,

他會警告對方回到工作崗位,

並且遵守公司規定。

失敗領導者

向錢看齊,並且通常會濫用權力。

因為貪婪,他時常濫用職權,

為自己與支持者牟取私利。

最佳領導者

將公司利益擺第一,

不讓任何人佔便宜。

絕不會對錯誤的行為睜一隻眼、閉一隻眼,

只用職權做對公司有利的事情。

公司裡不乏派系鬥爭，
除了導致同事情誼不和睦，
更容易影響公司的運作。
如果人人都能安分守紀、分工合作，
公司便能擁有更平和的職場氣氛及
以及更長遠的發展願景。

一般領導者
按規定被授予管理職員的權力，
依法懲罰做錯事的下屬。
罰則可輕可重，視情節而定。

聰明領導者
相信規章，不希望任何人觸犯規矩，
所以在部屬違規前預先宣達。
深信「預防勝於治療」。

失敗領導者
喜歡劃分派系，
不合理地袒護自己人，
不公平地懲罰不擁護自己的人。

最佳領導者
嚴格遵守法律、規章，
不過能視情況給予彈性空間。
相信教育是好的訓練，
不會因為個人好惡的偏見而偏袒任何人。

公司就像一艘郵輪，
船上有許多部門經理，例如：
行李託運部門經理、
餐飲部門經理、
客戶服務經理、
節目安排經理、
船務航程經理。

在人員眾多的情況下，
可能產生派系鬥爭。
當所有成員不願相互合作，
郵輪便無法順利出航。

停止自我本位的想法，
卸除有損團隊合作的障礙，
因為我們同舟共濟。

永遠要記得，
如果船沉了，
所有在船上的人都會溺水。

分工合作才是能讓船安全入港的絕對要素。

自出生起，
好運便與我們同在。

但是
當我們缺乏自信時，
好運便逐漸遠去。

所有人出生時所具備的好運是一樣的。

有人會說，那個人真幸運，
雖然其貌不揚，
但是卻有不凡的聰明才智。

有人會說，那個人真幸運，
雖然家世平凡、相貌普普，
但他因此變成一個勤勞又勇敢的人，
甚至成為一個舉足輕重的商人。

有人會說，那個人真幸運，
生在一個窮困家庭，條件都遜於他人，
他會因此更加努力，盡全力實踐目標。
他擁有自尊並且能展現最好的自己，
他將為自己感到驕傲。

最終，這些人會成為社會上的「模範」，
激勵年輕的新一代，
勇敢做夢、勇敢奮鬥。

這才是世界上最幸運的人。

有智慧的領導者
遇到問題會大化小，小化無。

—

愚笨的領導者
遇到問題則是會小題大作。

智慧，
來自於學習與理解

愚昧，
是無知與草率的結果。

一個事業成功的人
應該具備三項條件：

第一，有紀律
第二，有責任感
第三，有道德感

少了上述任何一項，
他便不是個完美的領導者。

一般領導者

對自己的工作負起全責。

他準時、有紀律，是員工的好榜樣。

聰明領導者

對自己的工作負起全責。

為了準時提交工作成果，

會制定合理的計畫，

並監督團隊如期完成交付的工作。

失敗領導者

無法準時完成所託付的工作。

對份內的事不負責；

犯錯時通常會怪罪別人，

所以沒有人想跟他一起合作。

永遠不會事前計畫，總是隨興而為。

最佳領導者

對自己的工作負起全責。

促進團隊合作，教導部屬負起責任。

永遠給予同仁正面的評語，

所以他們在面對工作與團隊能保有好的態度。

一般領導者

能制定短程計畫，轉交他人執行，
並且將工作分派給下屬。

聰明領導者

能制定長遠的計畫，
再依據每個下屬的專長分配不同的工作，
然後準時完成任務。

失敗領導者

忽略急迫的事，
反而優先處理不重要的工作。
他時常分心，所以無法準時完成工作，
也無法做計畫或釐清事情的優先順序。

最佳領導者

對公司程序有透徹的了解，
能夠規劃工作上的輕重緩急。
做任何事都會為公司著想，
並且如預期完成任務。
他不存偏見，十分了解部屬，
並且讓每個人適得其所。

聰明的人

閱讀書本以求生存。

更聰明的人

領略書本的知識以求生存。

愚笨的人

永遠不會翻開書本，

他只做輕鬆的事。

1 不重要＋不急迫

2 不重要＋急迫

3 重要＋不急迫

4 重要＋急迫

一般領導者

將重要且急迫的工作視為第一優先，
因為那是「必須完成」的重要工作。

聰明領導者

將重要且急迫的工作視為第一優先，
並且讓所有人員參與其中，
一同完成工作。

失敗領導者

無法排出工作的優先順序，
認為每件事都是重要的。
他凡事都要參與，
卻不曉得如何指派對的工作給對的人。
他時常扯團隊的後腿。

最佳領導者

將重要與急迫的工作派給團隊，
並且監督進度。
同時，他親自處理重要但不急迫的工作，
因為他不會讓重要但不急迫的工作
在最後期限逼近時變成重要又急迫的工作。

一般人
先處理重要又急迫的事情，
因為隨著時間流逝，
重要但不急迫的工作
勢必會變成急迫。

因此擬定工作表是個好主意，
你能按照進度按部就班、輕鬆地進行工作。
今天能完成的事情，絕不拖延到明天。

當一件工作變得急迫，
你得花更多精力去完成它。
欲速則不達，匆忙會導致失誤，
工作成效會因為準備時間不足而變得粗糙。

領導者主要的職責是——

一、制定工作計畫
二、制定人員管理計畫
三、制定組織的發展計畫

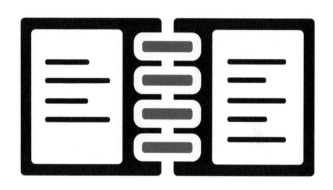

當他完成所有的職責，
人們將會視他為成功的領導者。

一般領導者

嚴格遵行教科書，
相信所學到的，並且完全信任他的老師。

聰明領導者

堅信教育的重要，並且信任他的老師。
但是在關鍵情況時，他跳脫既有框架來思考，
靈活運用所學知識。

失敗領導者

隨當下心情解決問題。
如果心情好，他會找輕鬆的方式解決問題。
當他情緒失控的時候，
他會固執地將憤怒與暴力視為解決之道。
結果問題永遠沒有得到妥善的解決。

最佳領導者

相信從書上所學到的東西，
並且保持開放的心態。
他有能力處理各種狀況。
他了解所有事物都是變動的，
跳脫框架能讓事情有更全面的思考角度。

聰明的人
就像寧靜致遠的馬拉松選手。

聰明的團隊
就像一台製作精良的跑車。

如果聰明的人能團結合作，
他們無疑會是最強大的團隊。

一般領導者

建立好的工作系統，
以減緩工作限制。

聰明領導者

創造工作系統，加以遵行，
而且永遠不會放棄它。
他掌控整個系統，讓它一目了然。

失敗領導者

不學無術，且學不會有系統地工作。
他強迫團隊以雜亂無章的方式來做事。
他找來有能力的人為他建立工作系統，
卻從來不會遵守，甚至背道而馳。
這樣的人通常沒有責任感。

最佳領導者

總是建立有效率的系統，
能夠多方面檢視與掌控情勢。
他能掌握整體的工作進度，
能計算團隊投入的報酬率，
這點至關重要。

如果你盡了最大的努力
去完成一件事，
但結果卻不理想，
別擔心，
至少你已經無愧於己，
旁人也會看見你的付出。

一般領導者

總是嚴格遵守規定。

他能保持生活與與工作上的紀律。

絕不允許任何人破壞規矩。

聰明領導者

維護規矩，並且不允許任何人違背，

除非情勢所逼。

他認為規矩是人訂立的，

有時候有些規定可以有彈性。

失敗領導者

通常缺乏紀律，

所以無法訂立任何規矩來管理部屬。

他過著漫無方向與目標的生活。

最佳領導者

總是謹守生活中的紀律，

同時又能試圖創立符合潮流的新規矩，

過時的規定也能與時俱進。

無論是在工作上或是人力分配上，
聰明的領導者懂得選賢與能，
懂得分辨每個人的能力與專長。

當目標達成的時候，
領導的人獲得獎賞。

但是當他犯錯時，
領導的人也接受處罰。

有人的地方就有多元聲音、多種需求，
訂定規矩，
是為了管理一群人。

為了多數人所制定的規矩，
能確保人與人之間和平共處。

每個人都應該遵守制定出來的規矩，
如此才能創造安全祥和的社會。

好的領導者
應該不吝於稱許
能力佳的員工。

如果你的團隊裡有經驗豐富的銷售人員，
你應該欣賞且公開讚揚他們。

如果你有誠實的會計，
你應該尊敬他們。

領導者必須能夠分析人，
並且以正確的方式管理他們，
如此一來他才會成為一名成功的上位者。

一般領導者

清楚自己的角色，並且了解工作流程。

他為公司著想，而且照顧下屬。

聰明領導者

從工作中學習，並且監督工作程序。

他將公司擺在第一優先，讓員工都熱愛公司。

他平等對待每個員工。

失敗領導者

讓心情主導一切，

不了解組織或自己該扮演什麼角色。

他干涉別人的事，並且製造分歧。

他偏袒、讚揚奉承他的人，

不喜歡直言不諱又認真工作的人。

最佳領導者

具備統籌能力，

不帶任何偏見地統合各個部門，

完成公司的目標。

他明瞭公司裡的每個人必須齊心同力地工作，

才能為公司爭取最大的利益。

成功的要素很多，
不啻為努力與才智。

然而儘管擁有聰明才智，
有些人仍無法成功。

那是因為
人外有人，天外有天，
總有「更聰明」的人。

除此之外，
那就是因為還不夠努力。

一般領導者

遵循規定並且堅守公司規章。

他試著不去違反規定,並總是中規中矩。

他嚴格約束自己,讓自己與公司同調。

聰明領導者

遵循規定並且堅守公司規章。

他會跳脫框架思考,當不尋常的狀況發生時,

他會召開會議,讓大家腦力激盪,

尋找解決之道。

失敗領導者

不會運用、也不會遵守任何規矩。

剛愎自用,總為了私利而利用別人。

最佳領導者

鼓勵全體員工遵守規定與工作規章。

他提醒人們什麼事情該做、什麼不該做。

他引領部屬,將倫理道德逐漸灌輸在工作場域。

他強調紀律的重要,

相信不論在工作或生活中,

人人內心都有道德觀。

一名好的領導者要能夠分析

重要的事情是什麼、
重要的工作是什麼、
重要的人是誰、
重要的時間是如何、
重要的想法是什麼。

一名好的領導者
永遠不會忽略重要的事物，
也絕不會為了自己的利益
而趁機剝削他人。

失敗的領導者無法分析

什麼是重要的事情、
什麼是不重要的事情。

因此失敗的領導者
不曾留意「重要的」事物，
總是錯失良機。

相反的，
他利用「不重要的事物」，
最後只是「徒勞一場」。

證書是
對學生教育成就的證明。

職場上的升遷是
對工作者成功的驗證。

一般領導者

將商場當成一場遊戲。

他遵守遊戲規則，絕不會偷吃步。

聰明領導者

將商場當成一場不能輸的遊戲。

他透徹明瞭規定與規範。

他利用自身優勢克服對手的弱點。

失敗領導者

將商場當成一場輕鬆的遊戲。

利用對手的弱點「佔便宜」，

並且試圖耍弄各種卑劣的小技倆來取得勝利。

最佳領導者

將商場當成一場進步的遊戲。

他學習策略相關的知識，並且加以應用。

他熟稔如何在猶如戰場般的商場上進行交易。

在採取任何行動前，

他會先了解自己與對手的能耐。

當他識破對手的技倆後，

贏得勝利就不是難事。

負面的態度
是失敗的肇始。

因此，
多數失敗的人並沒有意識到
自己充滿了負面的想法。

正面的態度
是成功的開始。

因此，
多數成功的人
通常習慣正面思考。

嚴厲的領導者
絕不放過任何事。

嚴厲的領導者
言行像名「指揮官」。

嚴厲的領導者
從不允許任何人違反規定。

嚴厲的領導者
通常擁有「強大的領導力」。

一般領導者

能組織良好的商業管理。

一、透過計劃

二、透過嚴格執行

聰明領導者

能組織良好的商業管理。

一、透過計劃

二、透過嚴格執行

三、透過建立正確的工作指導方針。

失敗領導者

工作時缺乏策略性計劃，只是一直解決問題，
然而解決過程中卻也不斷製造新狀況。
因為缺乏計劃，他的工作時常被問題打斷。

最佳領導者

能組織良好的商業管理。

一、透過計劃

二、透過嚴格執行

三、透過建立正確的工作指導方針

四、修正所犯的錯誤並從中學習，避免重蹈覆轍

招募聰明的人進入團隊
是
「好的領導者」的第一要務。

將對的工作分派給「聰明的人」
能獲得益處最多的結果。

「奇蹟」會發生，
因為每個人都有
「與生俱來的非凡能力」。

當領導者是名創造者，
他會試圖盡到工作的本分。

當領導者是名創造者，
他會試圖避免失敗。

當領導者是名創造者，
他會試圖努力工作，
並且拿出好的表現。

當領導者是名問題解決者，
任何問題他都能「迎刃而解」。

當領導者是名策畫者，
做任何事情前他能「三思而後行」。

當領導者是名失敗者，
他通常在做任何事情前便已經「放棄」。

時間十分寶貴。
每個人都有同樣的時間，
但我們運用的方式各個不同。

「時間扼殺者」
指的是那些沒有
意識到時間寶貴的人。

一般領導者

能有效率地管理時間。

一、他了解時間的寶貴

二、他能將時間做最有效的利用

聰明領導者

有管理時間的好方法。

一、他將最重要的工作擺在第一優先

二、他在時限內完成工作

失敗領導者

毫無計劃可遵循。

他過一天、算一天，

並且會留下未完成的事情，只想趕快下班。

他無法有效管理時間，

無法為工作與私生活做好時間分配。

隨著年紀增長，他在生活上會遇到更多問題。

最佳領導者

十分明瞭如何管理時間。

一、他有計劃、有系統地工作

二、他對生活也有適當的計劃

三、他有效率地分配時間給工作與自己的生活

如果一名「領導者」理解
創意的重要，
他便能從
充滿創意的團隊那兒得到新點子。

如果「領導者」只讚許
投其所好的人，
他只會得到
好聽的話語和無用的計畫。

一般領導者

用想像力創造工作。
他有良好的工作能力，
並且深受周圍的人欣賞。

聰明領導者

當他是屬下時，他會提出新的想法。
當他成為領導者後，他創造新的事物。
他為了公司的生存而尋找解決之道。

失敗領導者

從來不會反思或革新。
他總是故步自封，堅守舊傳統。
當世界日新月異，他依然沒有改變，
他的公司也無法跟著轉變。
最後公司成了個大失敗。

最佳領導者

總是有好的想法。
他找來聰明的人加入團隊，
以求更多創意與更好的生產力。
專注在創意上，尋找新概念。
鼓勵團隊分享想法，並且召開腦力激盪會議，
以求更多傑出的點子。

不凡的領導者
能創造不凡的工作，

平凡的領導者
通常工作表現也只屬平凡。

但特別的領導者
總能開創
極具挑戰與創新的新局面。

當特別的領導者
發揮才幹時,
「靈光一閃」的時刻就會出現。
那是一種實力與創意激盪的火花。

當這樣一個時刻出現時,
每個人將能理解
所謂「出類拔萃」
是什麼意思。

學習，

從不會「過期」。

學習，

提供我們「新的經驗」。

學習，

是「求知若渴」之人的行動實踐。

學習，

能讓人「一輩子受用」。

一般領導者

總是學習新事物。
持續醞釀新想法以及吸取知識。

聰明領導者

喜愛學習與商業管理有關的新事物。
透過閱讀激發想法、獲取更多知識。

失敗領導者

拒絕學習新事物。
總認為他是最厲害的人。
當他心存這種想法的時候，
他忽略了別人所提供的新知識，
他的無知導致他永遠比別人慢一步。

最佳領導者

充分意識到全球化的影響。
世界瞬息萬變，聰明的人與日俱增。
他總是從書報上獲取關於商業與生活的新知識，
因為他相信生命中總是有值得學習的事物。

你所閱讀的東西

塑造了你。

你所吃的食物

塑造了你。

你的想法

塑造了你。

一般領導者

相信行動的意義，並且確信自我提升的重要。
我們只從所達成的成就上領受應有的報酬。

聰明領導者

相信誠實、洞察與存在。
我們所吃進身體裡的東西塑造了我們。

失敗領導者

容易受騙上當。
他拒絕接受自然的真理，
而且試圖違背自然法則，以逸待勞。
當他失敗時，他歸咎命運，
就像犯錯的工人怪罪工具不好。

最佳領導者

相信誠實與現實性。
相信世界不斷前進，
以及我們該成為自己所想成為的樣子。
可以接受各種不同的世界觀，
且理解世界本身反映出不同的觀點。

「戰士」

永遠不會投降。

「戰士」

寧死也不願投降。

「戰士」

會爬起來繼續戰鬥。

諸多「戰士」的故事

對領導者而是很好的借鏡，

這能幫助他們學習如何適應工作。

當特別的領導者發揮才幹時，
「靈光一閃」的時刻就會出現。
那是一種實力與創意激盪的火花。

當這樣一個時刻出現時，
每個人將能理解所謂
「出類拔萃」是什麼意思。

一般領導者

研究、做筆記,並且閱讀不同的理論。
做生意前先練習,做好準備。

聰明領導者

研究、做筆記,
並且閱讀各種不同商業主題的資料。
在開始經營一門新生意前,他會先有新觀點,
並且準備好面對可能會遭遇的問題。

失敗領導者

從不學習、一無所知,
對於工作進程沒有任何理解。
對於生活現實過度樂觀,
所以他在開始工作前毫無準備,
失敗時卻怪罪上天讓他遇到困難。

最佳領導者

研究、做筆記,並且閱讀關於策略規劃的文章。
他在開始從事新生意前先具有充足的知識。
從不同角度觀察,找到契機。
謹慎思考,並且步步為營,
避免無法解決的大問題。

積極正向的態度
將微不足道的事物變得重要。

消極負面的態度
將重要的事物變得微不足道。

聰明的領導者
來自於學習與理解。

聰明的領導者
來自於積極與進取。

聰明的領導者
來自於誠信與努力。

失敗的領導者
來自於無知與愚昧。

腦力激盪很重要，

因為這能與他人

分享想法並創造新點子。

需要腦力激盪的時候，

聰明的領導者應該「傾聽」團隊的聲音，

聽聽團隊的想法是什麼。

但領導者若只有「不滿意」與「不信任」，

就不需要腦力激盪了，

自我中心的老闆只需要下達

「命令」就可以了。

一般領導者

好的會議創造新的點子。

好的管理者讓參與者提出想法、建議。

聰明領導者

腦力激盪提供學習新事物的機會，

加上新世代的生活方式，

讓我們跟上時代腳步，了解當今的世界潮流。

失敗領導者

想要新穎的東西與突破性的想法，

但是實際上卻**不允許團隊提出新的點子**，

腦力激盪往往變成只有老闆的想法才算數，

這樣並不叫集思廣益，這是洗腦。

最佳領導者

願意讓給每個人發揮潛能。

集思廣益的時候，我們或許會得到好與壞的想法，

但是所有團隊所提出的點子都有其價值。

他利用腦力激盪的討論，

尋找問題的解決之道。

好的領導者

鼓勵下屬「放膽去想像」。

不好的領導者

不允許下屬有遠大的想法，
而是讓他們覺得自己低人一等。

如果領導者希望團隊
「能思考」，
他自己必須先開始思考。

如果領導者希望團隊
知道如何「做夢」，
他自己必須先「激勵鼓舞」團隊。

如果領導者需要團隊
「建議新的想法」，
他自己必須給予團隊「開口的機會」。

成功的領導者網羅各種想法，
不偏頗地一一思量。
而失敗的領導者只會重視他偏好的想法。

會動腦想的人，
「永遠不會停止思考」。

有創意的思考者，
「永遠不會停止思考新的發明」。

持續前進的創造者
「永遠不會停止創造新的東西」。

一般領導者

接受所有可能引導出較好結果的機會。
好的領導者總是留意機會的出現，
並且懂得立即把握。

聰明領導者

把握所有機會，絕不錯失任何一個。
了解機會不會憑空出現，
如果失去了一次，就不可能再有。
聰明的領導者通常會善加利用機會。

失敗領導者

是投機分子，只要一有機會，
便從他人身上佔便宜。
他會做一些不誠實的事情，
為了一己私利而利用他人，
甚至為此耍弄齷齪的手段也在所不惜。

最佳領導者

製造機會，並且知道尋找機會的絕佳方法。
機會或許一年甚至十年才有一次，
所以他無法保證機會出現的頻率。
最聰明的人永遠會創造一個
能為自己和公司引領出機會的環境。

領導者
握有重責大任，
跟隨者將其推上高位，
並加重其重要性。

然而，當追隨者不在，
領導者必當檢討自身，
再重整旗鼓。

好的領導者
將「危機」化為「轉機」，
能藉此開始一項工作並建立團隊合作。
他將「空無」化為「助益」，
將「混亂」化為「平靜」。

相反的，
糟糕的領導者通常
摧毀工作與團隊，
將「所擁有的」化成「空無」，
將「平靜」化成「混亂」。

努力工作

一般領導者

能勝任任何工作，總是尋求工作的機會。
不論是簡單或困難的工作，
他都是個好的管理者，欣然接受任何任務，
並且立即採取行動。

聰明領導者

是個認真工作的人，並且喜歡有挑戰性的工作。
艱難的任務就像靈丹妙藥，
所以處理有挑戰性的工作讓他充滿活力。

失敗領導者

逃避工作，因為他害怕處理困難的事情。
避免承擔任何大小事。
從來不去想組織發展，沒有進步，坐等乾薪。

最佳領導者

能夠分析工作，並且十分聰穎。
無需任何命令，他立刻自發地投入工作。
他能分辨難易工作的優先順序。
他能分辨緊急與非緊急事物的優先順序。
他所做的每件事都是為了達到目標，
提升自我與公司。

快樂，

不是「新的課題」。

快樂，

或許「偶爾」才發生。

快樂，

「無所不在」。

快樂，

「任何人都可以免費享有」。

一般領導者

能控制脾氣，即使在氣餒的情況下，
也不會在工作場合中動怒。
好的管理者能控制好情緒。

聰明領導者

情緒管理智商（ＥＱ）很高，
曉得如何抒發而非壓抑情緒。
處理問題時，有「正確的思維」。

失敗領導者

總是小題大作，甚至將大問題變得更嚴重。
總是情緒化地吵嚷，
喜歡大驚小怪，滋生事端。

最佳領導者

有良好的情緒控管智慧，
不論在好或壞的情況下都善於調整心情。
在正常情況中表現一如往常，
在不順遂的情況中也表現得和平時一樣。
十分了解情況，一切都在他的掌控之中。

一般人
通常用「一般的方式」
處理一般事物。

傑出的人
通常以「傑出的方式」
處理一般事物。

最終，「傑出的人」
能創造「傑出的成果」。

好的領導者
總是尋找新知識，
而且興奮得像個
發現新玩具的孩子。

因為當他發現新知識時，
接下來會產生的就是
另一種形式的快樂。

每個人都會受「壓力」所影響，
所以我們應當找方法管理壓力。

一般領導者
對工作有耐性。
對私人事物有耐性。

聰明領導者
對工作有耐性。
他對私人事物有耐性。
他對所有事情都有耐性。

失敗領導者
在工作上會情緒失控。
他對私人事物會情緒失控。
他在面對各種問題時會情緒失控。
脾氣壞、抓狂、緊張、沒有方向感。

最佳領導者
對工作有耐性。
對私人事物有耐性
面對困難的工作時會感到有壓力，
但是能夠理解並接受這是生命的本質。
在生活中，我們會有快樂與充滿希望的時候，
但是當我們遭遇壓力的時候，
更應該保持耐心。

在現實中，領導者通常必須面對
可能讓他失控的困難挑戰。
但是能成為
「頂尖人員」的領導者，
絕不會因為壓力而分散注意力。

他能釐清事情的輕重緩急，
不過度苛求，自制並且自我鼓勵，
然後按部就班地解決問題。

熬過壓力之後，
你將成為很棒的領導者。

一般領導者

勇於領導。

善於處理問題。

聰明領導者

在工作上很有自信。

他能建立強大的團隊合作。

他擅於行政管理。

失敗領導者

只想到個人問題。

他怪罪下屬，遷怒同事。

他無法解決任何問題。

他的眼界狹小，

創造的問題比他所解決的問題還多。

最佳領導者

鼓勵團隊合作。

他對公司管理有謹慎的計劃。

他有遠大的眼光，

能夠預測事情發展與潮流。

他有能力將敵人轉變成良善的朋友。

一個好的領導者
不會侷限自己
只做「份內」的工作。

因為公司裡的每一個人
有義務「共同承擔責任」。

無論發生什麼事，
「領導者」永遠必須挺身而出，
為任何狀況肩負起責任。

一個糟糕的領導者
總是在找「脫身的方法」。

如果什麼不好的事情發生了，
他會暫時
「從事件現場消失」，

因為他害怕
其他人看見他犯的錯誤，
以及他做的錯誤決策。

一般領導者

說話有教養，也善於言詞。

他能有效率地處理商務性談話。

聰明領導者

說話與思考都像個有教養的人。

他能有效率地處理商務性談話。

當問題一發生時，他能有效率地立即解決。

失敗領導者

開口總是負面的言論，

喜歡在同事背後說三道四。

滿腦子負面的想法，導致心裡充滿懷疑猜忌。

缺乏計劃，使他做事像個漫不經心的人。

由於他拙劣的說話方式，

所以容易製造問題，而非解決困難。

最佳領導者

說話、思想與行動都像個有教養的人。

他能有效率地處理商務性談話。

對管理者，他能帶動正面性的談話；

同時也能溫柔地對下屬說話。

具有充滿創意的說話技巧，

只談論正面性的議題，而不會樹立敵人。

生命的支柱

是全人類都具有的東西，

但每個人將它加以利用的程度並不相同，

因此引導出不同的「結果」。

生命支柱包括：

知識與能力

勤勉

堅忍

忠誠

創意思考

每個人運用這些特點的程度各有不一，

這也是人之所以各有不同的原因。

一般領導者

傾聽正面的訊息，並且是好的聆聽者。

他試著了解所聽到的東西，藉此改進工作。

聰明領導者

傾聽正面的訊息，並且是好的聆聽者。

他試著了解所聽到的東西，

並且構思出有創意的想法，

然後加以執行，藉此得到對工作有助益的成果。

失敗領導者

與他人交談時容易斷章取義，是糟糕的聆聽者。

喜歡聽八卦，信奉順耳的奉承話，而且輕信他人。

聽取負面的內容，導致心裡充滿負面思想。

這種管理者會創造一個小團體，

不屬於這個團體的人時常會被他們批判、非議。

最佳領導者

傾聽正面的訊息，並且是好的聆聽者。

樂意聽取有創意的想法，

這些想法的目的在於為生意找到適切的平衡。

聽取各方建議後，

他能不猶豫地立刻採取行動，

以求領先其他競爭者。

「心思縝密」的領導者
或許在工作表現上不如
其他領導者，

但是比起「總是利用他人」的
投機領導者，
他更受人敬重。

失敗的領導者
習慣「負面思維」，
並帶來糟糕的談吐與不恰當的行為。

最終導致「不良的評價」。

他的失敗來自於
最初的想法。

有句話說：
「黑貓白貓，會抓老鼠的就是好貓。」

反之，
無法創造任何幫助的東西，
無論他是昂貴或便宜、精美或粗糙，
我們都稱之為無用之物。

一般領導者

閱讀有趣的文章與有報導價值的資訊。
閱讀關於如何實踐的故事，
以及具備實用訊息的新聞資訊。

聰明領導者

閱讀有趣的文章與有用的觀點。
閱讀有報導價值的資訊以提升自己。
專注於閱讀，
藉此為自己的工作創造正向的結果。

失敗領導者

無法區分好與壞的訊息，
全盤接收，卻也顯得漫無目標。
只對負面新聞與八卦感興趣。
有時他大量閱讀，但是內容對他的工作毫無幫助。

最佳領導者

閱讀有趣的文章，並且是名重度閱讀者。
閱讀能激盪他創意的想法，
目標是為公司找到適恰的平衡，
創造更多工作機會與收益。
當靈感被啟蒙之後，他立刻採取行動，
以求領先其他競爭者。

人們的思考容易被腦中既定的念頭所侷限。

如果腦中既定的念頭是正面的，
衍生出來的想法便會是正面的。

如果腦中既定的念頭是偏見，
衍生出來的想法便會是偏頗的。

如果腦中既定的念頭是齷齪的，
衍生出來的想法便會是下流的。

如果腦中既定的念頭是肯定的，
衍生出來的想法便會是傑出的。

一般領導者

有一般水準的思維，並且善於思考。
有系統地思考，制定計劃與步驟。

聰明領導者

思維清晰明理，並且善於深入思考。
有策略性的思考，能夠完善地計劃，
被認為是名先驅創造者。

失敗領導者

思之無物，總是想些無用的東西。
短視近利，缺乏遠見。
由於不是個好的閱讀者或聆聽者，
他的思考缺乏策略性與一致性；
他甚至「不是個好的思考者」。

最佳領導者

思維像個有教養的人，
並且善於從各個角度做全面性思考。
像個策略家一般有技巧地思考，
有能力事前做好萬全計劃，
是個能預期長遠情況的思考者。
從各個角度做全面性思考，
能明瞭自己的優劣，補足差異。

成功，
源自於「謹慎計劃的步驟」。

成功，
就像「爬樓梯」。
成功，就像「爬山」。

當你抵達「山頂」時，
你會忘記曾經面對過的困難。

悲觀的人
容易扼殺好的點子。
容易把好的事情想成壞的。
容易錯失所有的好機會。

一般領導者

思考簡單、不複雜。

有系統地思量計劃與步驟。

聰明領導者

用理性深刻地思考。

全神貫注地思量計劃。

被認為是熟練的分析師。

失敗領導者

思考時沒有技巧或缺乏理性。

用無知跟虛幻夢想來考量事情。

漫不經心地思考，缺乏詳細的計劃。

由於缺乏透徹的分析與恰當的預防措施，

最後導致失敗。

最佳領導者

從近觀與宏觀角度思考事情。

像策略家一般思量透徹而且謹慎。

他是個熟練的分析師，能預見未來。

政策、策略能有效實施，

創造優勢以對抗競爭者的計策。

穿線過針
需要良好的眼力。

選擇對的人來勝任對的職務，
也需要好的眼力。

一般領導者

將報紙上的新聞視為事實。
將雜誌裡提供的訊息視為事實。

聰明領導者

將知內情者提供的事實認為是事實。
將可靠消息來源提供的資訊認為是事實。

失敗領導者

相信謠言是事實。
將不完整、未經整理或過濾的資訊認為是事實。
他容易遭受競爭者的蒙騙，
因為他相信所有的錯誤消息。
觀點有偏差，行事步驟有誤。

最佳領導者

將可靠調查提供的訊息視為事實。
將可靠媒介提供的信息視為事實。
最重要的原則是信賴員工，
因為競爭者常常放出假消息來混淆視聽。

意識
源自於知識。

具備越多知識，
我們的意識能力也越加擴展。

成功，
發生在那些具備知識、
且能運用知識創造終極優勢的人身上。

奇蹟
往往發生在
心懷善念的人身上。

奇蹟
往往被視為是件好事,
能讓生命變得越來越好。

奇蹟往往發生在
努力工作、永不放棄的人身上。

好的領導者會對自己感到滿意與驕傲，

因為他付出；

他對組織「有助益」，

他對下屬「有助益」，

他對身邊的人「有助益」。

好的領導者會對自己感到滿意與驕傲，

因為他給予；

他對組織「有助益」，

他對下屬「有助益」，

他對身邊的人「有助益」。

一般領導者

職場上的位階與成功為他帶來驕傲。

加薪是工作上獲得成就的額外福利。

聰明領導者

組織的進步是種成功。

這樣的成就帶來家庭的美滿。

失敗領導者

以所擁有的資產為傲。

不管他是透過何種方式取得資產，

他只想為自己爭取更多利益。

不在乎忠誠與道德，

這種人的驕傲，只用錢來衡量輕重。

最佳領導者

組織的進步是種成功。

整體團隊的福祉來自於這樣的成功。

家庭是創造各種成就的中心，

他的驕傲立基在兩個原則上：

忠貞與先進思維的能力。

一般領導者

工作很重要。

工作是為了賺錢養家。

聰明領導者

工作是種保證或對生活的保障。

他必須竭盡所能做好工作，

因為這能確保未來的生活能比今天更好。

失敗領導者

工作是每天得從事的例行之事。

工作只是讓他每天填飽肚子的事情，

所以不認真做也無所謂。

休息時間一到就停止工作。

從來不會想為所領的薪水多努力一些。

最佳領導者

工作是人生的十字路口。

工作是他選擇的方向，

所以他會帶著自信、毫無畏懼地繼續往前走。

盡力做到最好是最重要的事，

因為對他而言，這是為了工作、家庭與生活。

過去的時間，無法倒轉。

飛逝的時間，無法挽回。

流逝的時間，無法彌補。

失去的時間，無法找回。

如果你不想浪費光陰，
請將時間用在
「創造你的表現」上。

許久沒有運轉的引擎，
在再次使用前，
可能需要全面檢修。

許久沒有運用的知識，
在再次使用前，
可能需要一點更新。

過時的思維，
無法輕易地更新。

過時的思維，
需要新思維來取代舊有的想法。

低標準源自於
不充分的知識與不充分的技術。

中等標準源自於
中等知識與中等技術。

高標準源自於
充足精通的知識與充足的技術。

一般領導者

他的標準是追隨他人的腳步。

他常常說:「這是我們所能做到最好的水準了。」

聰明領導者

他的標準是做得比別人更好。

他常常說:「我們必須做得比這個更好。」

失敗領導者

他的標準是只做他想做的事。

他常常說:「我們只能做到這樣。」

負面思維是工作能力減低的開端,

因為他一心只擔憂被佔便宜,

或付出得比所得到的報酬更多。

最終,他會在職場上失敗。

最佳領導者

他的標準是比已經盡力做到最好的人還要做得更好。

他常常說:「我們可以做得比這個更好。」

團隊合作對建立組織而言很重要。

不是單一個人,

而是組織裡的每一個人都必須盡力做到最好。

善於委任工作的人，
代表他的觀察入微，能看見他人所長。

不善於委任工作的人，
代表他欠缺觀察，
容易忽視他人長才。

一般領導者
偶爾處理工作委任的事宜。
當他與別人一起工作時，
有時候他會覺得很無聊。

聰明領導者
能夠獨自工作，也能與他人一起合作。
他能為了他人的助益而調整自己，
而且有時覺得如此很有趣。

失敗領導者
不擅常獨自作業，但也不擅於與他人一起工作。
他對如何分配工作一無所知。
無法掌控團隊工作的方向，
無法監督工作，團隊成員只能自力更生。

最佳領導者
能夠獨立工作，也能與他人一起合作。
他能為了讓別人有更好的工作表現而調整自己。
對工作委任而言，團隊合作很重要。
他是個精練的領導者，
能說服並鼓勵團隊自願工作。

能夠創造學習機會的老師，
等同於「機會給予者」。

若沒有讓新一代
有更多機會與經驗，
我們的世界將日趨惡化。

一個建築營造者
不同於建築拆除者。

營造者能將空蕩蕩的地，
轉變成一個
居住與休閒的場所。
他們一磚一瓦地建造。

拆除者能將一個居住的地方
變成一堆瓦礫，
那裡將不再是一個適合居住的場所。

一般領導者

只看到未來一個月的時間。

可以持續工作並愉快地享受美食與生活。

聰明領導者

看到至少一年以後的未來。

工作，同時預見未來。

尋找機會，選擇該怎麼做，

把握機會。

失敗領導者

看見未來一週的時間。

他不曉得如何事前規劃。

基本的就夠了，無法預見未來。

當他意識到自己所犯下的錯誤時，為時已晚。

最佳領導者

思考超過十年時間的未來。

創造工作，組織團隊，預見未來。

找尋長處，消除短處，勇往直前。

自我與組織的發展是他的主要目標。

一個聰明的領導者需要有遠見以及遠大的想法。

有時候讓團隊學習如何解決問題，
是我們應該做的事。

因為當問題出現時，
新的想法會不斷出現，
驅使我們的腦袋尋找解決之道。

一般領導者

為自己的職掌肩負全部的責任，
以避免被斥責。

聰明領導者

總是為自己的職掌肩負全部的責任，
並且為了「事業成就」努力工作。

失敗領導者

從不會為了所分配到的工作負起責任。
他做事匆匆忙忙，只想下班急著回家，
沒有耐性又草率。
儘管有工作能力，卻總是漫不經心。
所以不管工作大或小，他當無法完成。

最佳領導者

對工作的進程肩負起全部的責任。
他對大小案件的細節都瞭若指掌。
他很謹慎，並且確保團隊好好地完成工作。
他是個值得信賴的人，因為他從不怠忽職守。

聰明的人是已經學會
如何善加利用知識的人。

愚笨的人是已經學習知識
卻永遠不會加以利用的人。

人終其一生裡，
有能力不斷學習許多技能。

但是，
有些人停止了學習，

因為他們自認為
已經知道所有的事情了。

偉大的人源自「給予」，
而非「接受」。

快樂源自於「給予」，
而非「接受」。

快樂的偉人是個「給予者」，
而非「接受者」。

一般領導者

面對職責相當直接。

依據組織的規定來規範員工。

聰明領導者

永遠是誠實的，面對職責時也相當直接。

以組織為優先，懲罰不端的行為。

對良好的表現表示欣賞。

失敗領導者

欺詐，工作上不光明正大。

自私，閃躲責任，喜歡偷懶，行事懦弱。

在工作上一事無成，總是把擔子推卸給別人。

試圖讓其他人承擔過錯。

總是違反規定。

最佳領導者

誠實，可靠，工作表現傑出。

當他發現自己處在非預期的情況中，

他能「調適」。

面對不同環境，他保持彈性。

他能靈活運用規則，他相信規矩是人訂出來的，

所以人也能加以調整，以適應各種情況。

進步源自於
「勤奮、努力與強烈的意圖」。

退步源自於
「懶惰、沮喪與缺乏專注力」。

忌妒源自於
「比較心理、軟弱與懶散」。

一般領導者

堅守職責。

遵守規矩，紀律嚴明。

聰明領導者

堅守職責。

他依照規定控管所有事情。

他腳踏實地、謙虛。

失敗領導者

緊捉著職位。

他是個半吊子，行事專橫，總是責怪他人。

做任何事都只是為了一己，

偏袒擁護他的人。濫用職權打壓下屬。

迫害他認為是次等的人，是他的「嗜好」。

最佳領導者

堅守職責，甚至做得比份內的事更多。

他蒐集關於某個人或某種情況的所有細節。

他有強烈的工作意圖，而非只是展現權力。

從不會濫用職權。

不論人前或人後，他都彬彬有禮。

即將成為領導者：
未來企業最需要的 54 則領導價值及思想精華

作　　者／丹榮‧皮昆（Damrong Pinkoon）
譯　　者／王茵茵
主　　編／林巧涵
執行企劃／王聖惠
美術設計／顧介鈞
內頁排版／吳詩婷

第五編輯部總監／梁芳春
發行人／趙政岷
出版者／時報文化出版企業股份有限公司
10803 台北市和平西路三段 240 號 7 樓
發行專線／（02）2306-6842
讀者服務專線／ 0800-231-705、（02）2304-7103
讀者服務傳真／（02）2304-6858
郵撥／ 1934-4724 時報文化出版公司
信箱／台北郵政 79 ～ 99 信箱
時報悅讀網／ www.readingtimes.com.tw
電子郵件信箱／ books@readingtimes.com.tw
法律顧問／理律法律事務所　陳長文律師、李念祖律師
印　　刷／勁達印刷有限公司
初版一刷／ 2018 年 2 月 2 日
定　　價／新台幣 250 元

行政院新聞局局版北市業字第 80 號

時報文化出版公司成立於一九七五年，並於一九九九年股票上櫃公開發行，
於二〇〇八年脫離中時集團非屬旺中，以「尊重智慧與創意的文化事業」為信念。

即將成為領導者：未來企業最需要的 54 則領導價值及思想精華 / 丹榮‧皮昆 (Damrong Pinkoon) 作；
王茵茵譯 . 初版　臺北市：時報文化，2018.02　ISBN 978-957-13-7302-7（平裝）
1. 企業管理　2. 企業領導　494　107000065